U0234062

四大发明

郭翔 / 著绘

北京理工大学出版社
BEIJING INSTITUTE OF TECHNOLOGY PRESS

图书在版编目（CIP）数据

四大发明 / 郭翔著、绘 . -- 北京 : 北京理工大学出版社 , 2022.10
ISBN 978－7－5763－1713－8

Ⅰ . ①四… Ⅱ . ①郭… Ⅲ . ①技术史－中国－古代－儿童读物 Ⅳ . ① N092-49

中国版本图书馆 CIP 数据核字 (2022) 第 170633 号

出版发行 / 北京理工大学出版社有限责任公司
社　　址 / 北京市海淀区中关村南大街 5 号
邮　　编 / 100081
电　　话 /（010）68914775（总编室）
（010）82562903（教材售后服务热线）
（010）68944723（其他图书服务热线）
网　　址 / http://www.bitpress.com.cn
经　　销 / 全国各地新华书店
印　　刷 / 北京地大彩印有限公司
开　　本 / 889 毫米 × 1194 毫米　1/16
印　　张 / 4.75
字　　数 / 90 千字
版　　次 / 2022 年 10 月第 1 版　2022 年 10 月第 1 次印刷
定　　价 / 78.00 元

策划编辑 / 门淑敏
责任编辑 / 申玉琴
文案编辑 / 申玉琴
责任校对 / 刘亚男
责任印刷 / 施胜娟

序言

我们伟大的祖国是举世闻名的四大文明古国之一，创造了灿烂辉煌的中华文明，而古代科技文明是其中重要的组成部分。造纸术、印刷术、指南针和火药是我国古代科技文明的杰出代表，被誉为中国古代的“四大发明”，不但造福了华夏大地，而且对世界文明的进程产生了重要影响。

尽管四大发明已经声名远播，但真正了解四大发明的公众又太少了，时常见到一些读者的困惑：战国时的司南到底能不能指南？古埃及的莎草纸比我国汉代的纸早了2000多年，但为什么说造纸术是我国的发明？火药如何改变了世界进程？雕版印刷术与活字印刷术究竟有何区别？……一般的读者都不能言其详，更何况小朋友了。

鉴于此，专门为小朋友量身定做的《四大发明》绘本问世了，该绘本有如下几个特点：

一、内容丰富，博采约取。在介绍每一项发明时，以时间为纵轴，既有对“发明”本身来龙去脉的追溯，还有其应用、传播、影响方面的介绍，内容丰富而不杂乱。这样小朋友对四大发明感知、认识与学习就会“立体”起来。

二、绘图与文字相得益彰。绘画风格活泼可爱，与小朋友的审美认知相贴近，文字简约精当，无论是自主阅读，抑或由家长讲解，均能够获得上佳的阅读体验。

三、不囿于历史，延伸到当下。这不是一本纯粹讲述四大发明历史的科普绘本，它涉及了一些基于四大发明的现代创新和应用，打通了历史与现实的壁垒，而且还设计了一些适合小朋友的DIY，读读书、动动手，其乐无穷。

四大发明是我们先民贡献给全人类的宝贵财富，我们有义务、有责任把四大发明的故事以严谨、生动、有趣的方式讲给小朋友，因为他们是伟大祖国文明创造的继承者与实践者。愿小朋友有一个愉快的阅读、体验之旅。

湖南农业大学通识教育中心副主任、科技史博士 史晓雷

目录

四大发明 火药

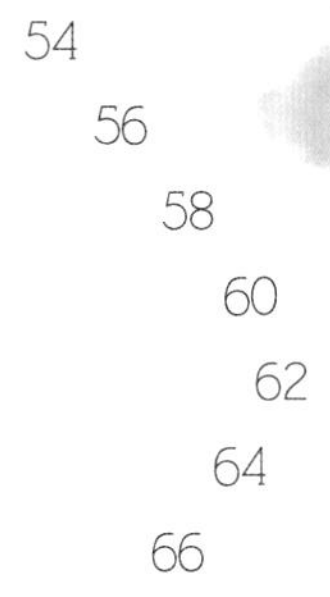

四大发明 印刷术

指南针发明以前

在指南针发明之前，古人类已经摸索出了一些判断方向的方法，但是这些方法无法满足探索更远更大的世界的需求。

在原始社会时期，迷失方向是件令人害怕的事情。如果打猎时不小心迷失了方向，而又正好离住处比较远，那就可能再也回不去了。

那么，那时候的人类靠什么辨别方向呢？白天利用太阳，夜晚利用星星。还会利用树木的疏密、蚁穴朝向等。

如果只能沿着陆地的边缘航行，就无法选择最经济的航线，限制了航海的里程和方向。

最可怕的是在大海上，要是没有太阳和星星来辨认方向，大海就是地狱。躲开地狱最好的办法，就是永远只沿着陆地的边缘航行。但是，这个方法海盗们也知道，他们会专门在那儿等着你。

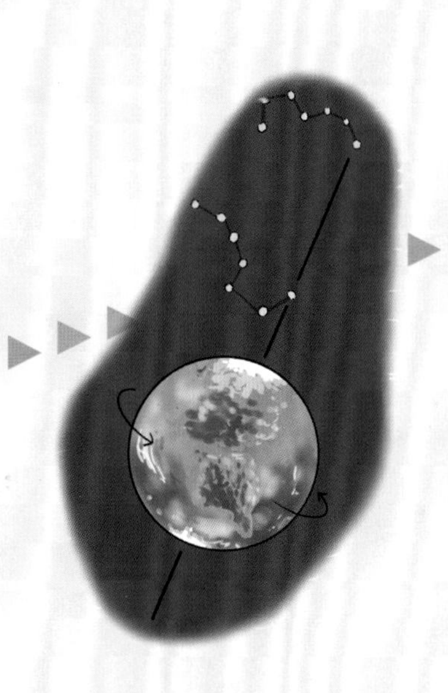

古人利用星星来判断方向，用得最多的是北极星，它在地球自转轴的延伸线上，找到它，就意味着找到了北方。

当然，如果是乌云密布的天气，依靠太阳和星星辨认方向就不行了。

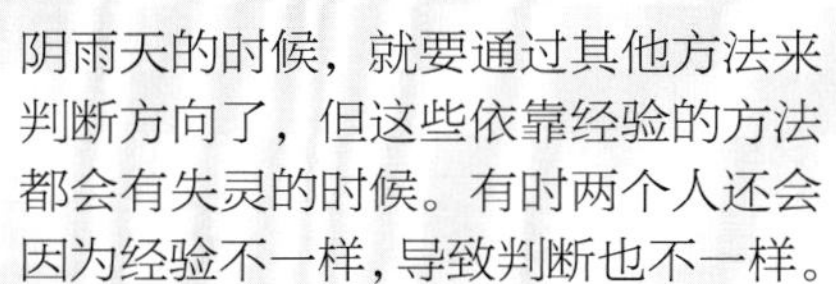

阴雨天的时候，就要通过其他方法来判断方向了，但这些依靠经验的方法都会有失灵的时候。有时两个人还会因为经验不一样，导致判断也不一样。

后来，古人在长期对太阳的观察中，发现立在平地上的柱子在不同的两个时间里，地上的两个影子顶点的连线，永远指向东、西两个方向。根据这个原理，古人发明了圭表。这个很厉害，现在的特种兵也用这个办法在野外辨认方向。

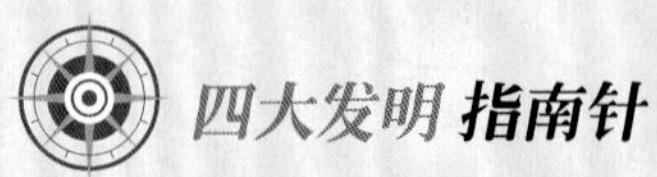

指南针的发明

中国是世界所公认的发明指南针的国家。指南针的发明是一个漫长的过程，它是我国古代劳动人民在长期的生产和生活中对物体磁性不断探索的结果。

5

其实司南也有缺陷。首先是磁性强、质量好的天然磁石很难找到，除非你运气特别好。

6

其次，在加工天然磁石时，磁石也容易因敲击、受热而失去磁性。所以，一般来说，当时制作的司南的磁性都比较弱。

7

再次，磁勺与底盘接触的地方要非常光滑，这很考验当时的打磨工艺。否则会因为摩擦阻力太大而转不动，达不到指南的效果。

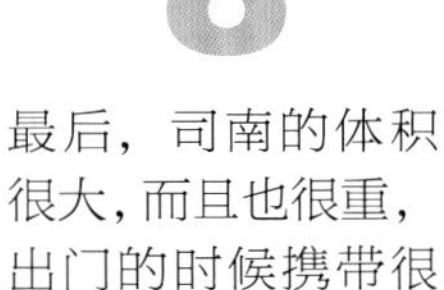

8

最后，司南的体积很大，而且也很重，出门的时候携带很不方便。

9

后来，古人用磁针来指南，但是样式千奇百怪。北宋的沈括在《梦溪笔谈》中介绍了四种方法。南宋的陈元靓在《事林广记》中介绍了一种方法——指南龟。

漂浮法——将磁针上穿几根灯芯草浮在水面，指示方向。

碗唇旋定法——将磁针搁在碗口边缘，自由旋转，静止后就可以指示方向。

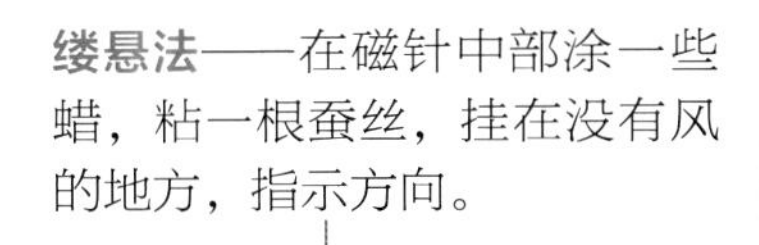

缕悬法——在磁针中部涂一些蜡，粘一根蚕丝，挂在没有风的地方，指示方向。

指甲旋定法——把磁针搁在手指甲上面，自由旋转，静止后指示方向。

支撑式指南龟——将磁针换作龟形磁石，在龟腹下方挖一个光滑的小孔，对准下面的竹钉，这样磁龟就被放置在一个固定的、可以自由旋转的支点上了。由于支点处摩擦力很小，磁龟可以自由转动，静止后龟尾指向南。

10

再后来，看风水的术士将磁针与分度盘相配合，创制了新一代指南针——罗盘。指南针的最初形态已经形成。

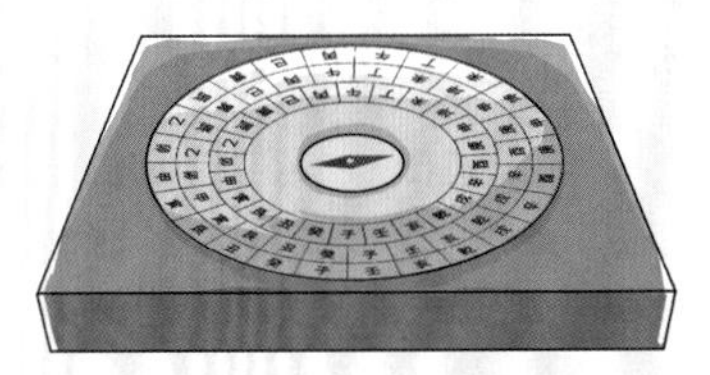

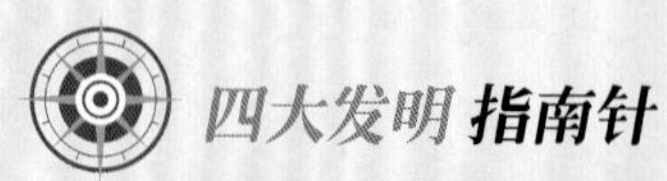

指南针的传播

指南针发明之后，人们在日常活动中大量使用。宋朝时，在我国与阿拉伯国家的商贸往来中，指南针被传到阿拉伯国家。后来在阿拉伯与其他国家或地区的贸易中，指南针逐渐被传到了全世界。

我国不但是世界上最早发明指南针的国家，而且是最早把指南针用在航海事业上的国家。成书年代略晚于《梦溪笔谈》的《萍洲可谈》中记有“舟师识地理，夜则观星，昼则观日，阴晦则观指南针”。这是世界航海史上最早使用指南针的记载。这件事在人类文化史上有非常重要的意义。人们在海上航行，再也不怕迷失方向，航海事业更加发达，进一步促进了各国之间的经济贸易和文化交流。

到了12世纪末13世纪初，阿拉伯和欧洲的一些国家，普遍开始用指南针来航海。指南针传到欧洲以后，对于欧洲航海事业的发展起了很大的作用。

有了指南针，人类在大海航行中慢慢地摸出条条航路。我国古书记载着很多航路。这些航路因为是依靠指南针开辟得来的，所以称其为“针路”。

北宋时候，我国的海船就往来在南海和印度洋上，和东南亚的国家做生意。靠着指南针，最远一直开到过阿拉伯海。

15 世纪末到 16 世纪初，欧洲航海家开辟新航路，发现了美洲大陆，完成了环绕地球的航行。

阿拉伯人到我国来的也很多，而且大多是乘中国船来的。他们看到中国船都用指南针，也学会了制造指南针的方法。后来，阿拉伯人又把这个方法传到了欧洲。

指南针的应用

指南针被应用到军事、探险、行商、地质勘探、航海、飞行导航等方面，对地理大发现和海上贸易有极大的促进作用。最典型的就是哥伦布发现新大陆和麦哲伦的环球航行。

行军打仗

丛林探险

沙漠行商

地质勘探

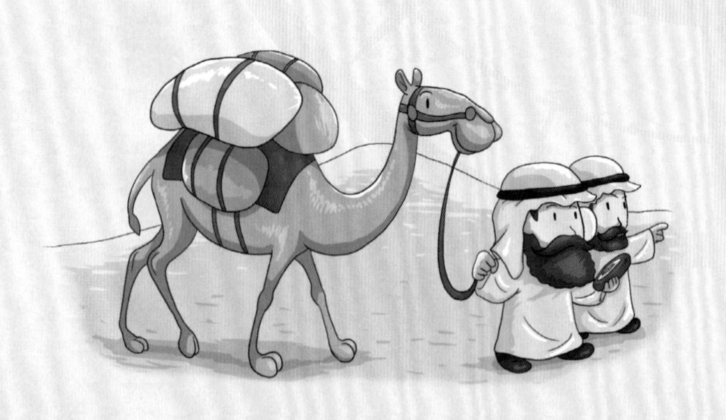

海底
航行
大海
航行
热气球
导航
飞机
导航
飞艇
导航
5

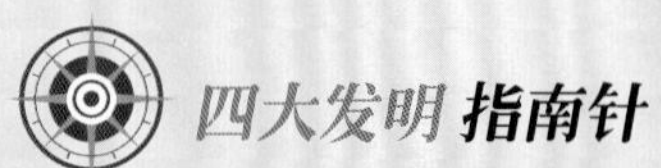

哥伦布发现新大陆

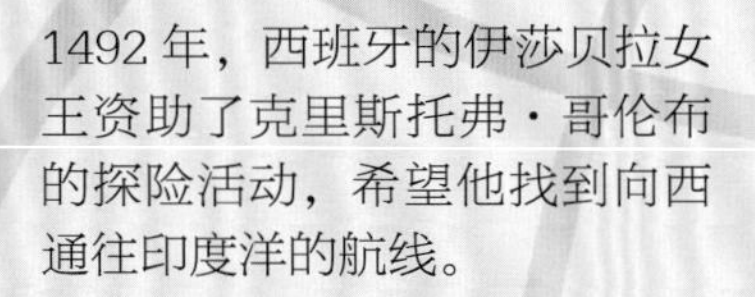

1492 年，西班牙的伊莎贝拉女王资助了克里斯托弗·哥伦布的探险活动，希望他找到向西通往印度洋的航线。

不过，哥伦布并没有抵达亚洲，但他意外地发现了一片新大陆——即美洲大陆。哥伦布一开始误认为他所到达的地方为印度，于是称当地居民为“印第安人”。

麦哲伦环球航行

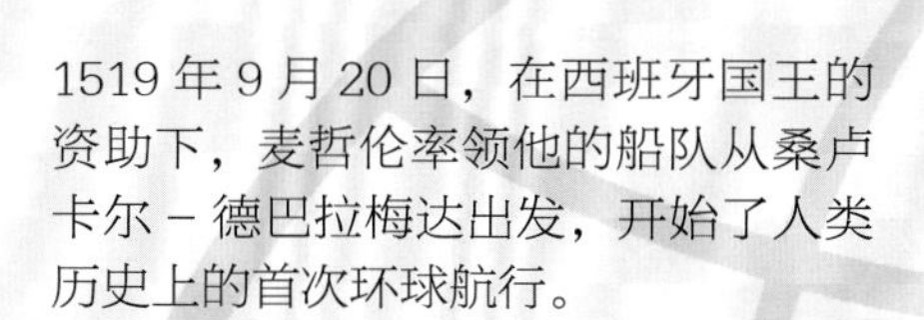

1519 年 9 月 20 日，在西班牙国王的资助下，麦哲伦率领他的船队从桑卢卡尔－德巴拉梅达出发，开始了人类历史上的首次环球航行。

1521 年，麦哲伦船队抵达菲律宾群岛，麦哲伦想征服岛上的土著居民，在战斗中，被一支毒箭射中，客死他乡。

麦哲伦死后，他的助手埃里・卡诺继续了麦哲伦未完成的航程，于 1522 年 9 月 6 日，回到了西班牙，历时 1 082 天，完成了人类首次环球航行。

地理大发现

地理大发现，又叫大航海时代。在 15 世纪到 17 世纪，欧洲的船队出现在世界各处的海洋上，寻找新的贸易路线和贸易伙伴。

在欧洲的远洋航海中，中国的指南针发挥了关键的作用。随着指南针的普遍使用，一代又一代的航海人开启了航海梦，不断探索着未知的世界。

伴随着新航路的开辟，东西方之间的文化、贸易交流开始大量增加。

现代指南针

根据精确度和用途，指南针分为基本型、专业型和装饰型三类。专业型指南针一般应用在专业领域，服务于特定用途。

专业型

测方向

测方位角

测磁偏角
测经纬度
绘制地图
测坡度

DIY 一个简易指南针

准备好一根针、一块磁铁、一小片正方形的纸和一盆水。

① 在小纸片上按上北、下南、左西、右东的方位写好四个方向。

② 将针沿固定的方向，单向摩擦磁铁，一定不要来回摩擦。

③ 将针居中别在小纸片上。

④ 将别好针的小纸片轻轻放到水面上。

⑤ 等小纸片静止下来，针就指向南北两个方向啦。

⑥ 当然，也可以用一小块泡沫塑料或是胶囊来代替小纸片。

有趣的地磁

我们都知道指南针之所以能指南，是因为有地磁的存在，可是你知道吗？地磁对我们人类的帮助还远不止于此。

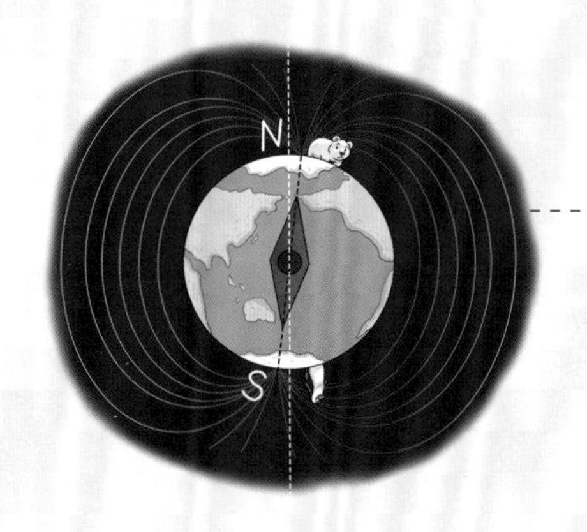

磁偏角

地球也是个磁体，地磁南极在地球的北极，而地磁北极在地球的南极。地磁的北南极和地理的南北极点只是接近，并不重合。所以磁针指向的是地球磁极而不是地理的极点，这样磁针指的就不是正南、正北，会略有偏差，这个偏差角度就叫磁偏角。

地磁可以探测矿藏

地球上某些地区的岩石和矿物具有磁性，地磁场在这些埋藏矿物的区域会发生变化，利用这种地磁异常可探测矿藏。

地磁可以保护生物

地磁场能阻挡宇宙射线和来自太阳的高能带电粒子，是生物体免遭危害的天然保护伞。正是因为这个“超巨”的地磁场，地球上的生物才得以生存。

地磁可以预报地震

地壳中的岩石，有许多是具有磁性的，当这些岩石受力变形时，它们的磁性也要跟着变化，从而会造成地磁场的异常，这就是所说的震磁效应。

磁暴

一般情况下，地磁是没有什么变化的，但有时候会因为太阳的活动产生异常现象。这是因为太阳黑子活动剧烈的时候，放出的能量相当于几十万颗氢弹爆炸的威力，同时喷射出大量带电粒子。这些带电粒子射到地球上形成的强大磁场迭加到地磁场上，使地磁发生急剧变化，引起磁暴。发生磁暴时，地球上会发生许多奇异的现象。在漆黑的北极上空会出现美丽的极光。指南针会摇摆不定，无线电短波广播突然中断，依靠地磁场“导航”的鸽子也会迷失方向，四处乱飞。

造纸术发明之前

在纸被制作出来之前，世界各个文明古国早已诞生了自己的文字，还因地制宜把文字写在各种五花八门的东西上。

史前，我们古老的祖先在石壁上画画。

商代，人们使用刻刀把文字刻在龟甲或兽骨上，记录占卜、祭祀、战争等重大事件。

在商周时，人们也会将记录重要事情的文字铸造或是镌刻在青铜器上。

到了春秋末期，普遍使用竹片或木片来承载文字，书写的方式有的用小刀刻画，有的用毛笔书写，相对来说方便一些了。

西汉时，达官贵人们多使用绢帛来写字。绢帛比竹片木片要轻便多了，但是价格昂贵，普通人根本使用不起。

古埃及人把一种叫纸莎草的植物茎秆，经过捶打和干燥等复杂的工艺，制成一种书写材料，它在正常环境下可以保存几千年。

两河流域的苏美尔人把文字刻在湿软的黏土板上，等晾干以后，这种泥板就可以永久保存。

2000 多年前，古希腊人将鹅毛醮上墨水，在经过特殊处理的羊皮上书写文字。

中美洲印第安人将他们的文字写在树叶或捶打成薄片的树皮上。

纸的出现

纸是文字最重要的载体，它的出现不但促进了书籍、文献资料的猛增和科学文化的传播，而且促进了书法艺术的发展、繁荣和汉字字体的变迁，对中国历史产生了重要影响。

1

早在很久以前，我们的祖先就懂得养蚕、缫丝。其中有一种叫“漂絮”的制取丝绵方法。漂絮完毕，篾席上会遗留一些残絮。当漂絮的次数多了，篾席上的残絮便积成一层纤维薄片，经晾干之后剥离下来，可用于书写。这个纤维薄片被称为“方絮”，还不能叫作“纸”。

2

西汉初年，麻纸已经出现，但由于造纸工艺简陋，造出的纸张质地粗糙，不适宜书写，多用来包装东西。

3

东汉，经过了蔡伦的改进，形成一套系统的造纸工艺流程，纸张的质量得到提高，不仅可以书写，还降低了生产成本，纸张开始普及。

4 魏晋南北朝时期，人们利用桑树皮、藤皮等造纸。

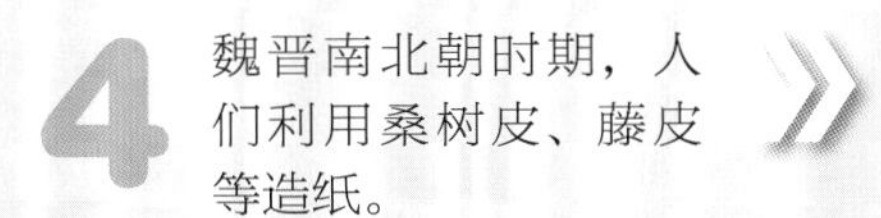

5 隋唐、五代时期，竹子、檀皮、麦秆、稻秆等成为造纸原料，造纸的原料来源越发丰富而充足。尤其唐朝时期，加矾、加胶、涂粉、洒金、染色等加工技术相继问世，生产出来的纸张质量越来越高，品种越来越多。

6 从唐代到清代，中国生产的纸张，除了普通纸张外，还有各种彩色的蜡笺、冷金、错金、罗纹等名贵纸张，以及各种宣纸、壁纸、花纸等。纸张成为人们文化活动和日常生活的必需品。

古代造纸法

古代造纸的全套工艺基本上可以分解成八个步骤。它是中国劳动人民经验的积累和智慧的结晶。

1

纸是由纤维素互相交缠而成，所以古人选择纤维素较多的植物来造纸。常用的植物材料有以下三种：麻料——如苎麻、黄麻、大麻等植物的外皮；树皮料——如楮树、青檀、桑树等植物的皮；竹料——如毛竹、慈竹等各种竹子。

2

将植物原料连同麻头、粗布、旧渔网等材料一起切碎。

3

洗一洗，搅一搅，让原料变得干净。

4

再把干净的原料放到大桶里或池水中浸泡半年以上。

5

把泡好的原料放入一个大桶内，与石灰一起蒸煮，直至完全煮烂。

6

将煮烂的原料先放在石臼里打碎，再倒入水槽内，搅成黏黏糊糊的纸浆。

7

等纸浆冷却后，用竹帘把纸浆捞起，成为纸膜。这可需要很熟练的技巧呢。

8

把捞起的纸膜放在太阳下晒干，然后揭下来就是一张完好的纸了。

纸的重要历史时期

造纸术是中国古代伟大的“四大发明”之一。纸张的出现，改变了人们的书写方式，使很多重要的文字和信息得以保留下来。而且这个改变，又是由一个个的重要时期构成的

1957年，考古学家在西安灞桥出土了西汉初期的麻纸，它被确认为现存世界上最早的植物纤维纸之一。这证明了我们在很早之前就已经掌握了用黄麻、大麻等植物的茎或树皮造纸的技术。

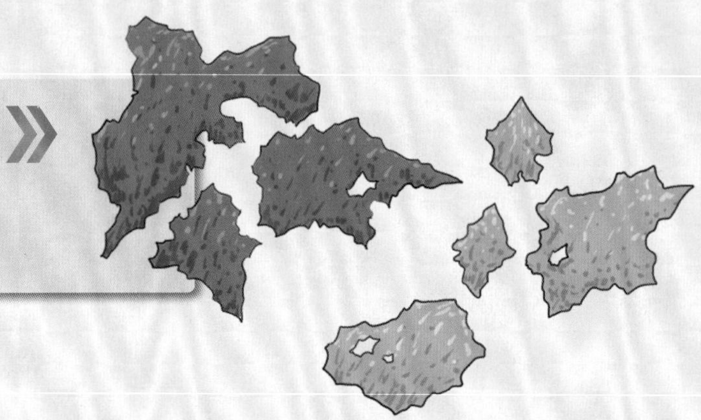

公元105年，东汉的蔡伦改进了造纸工艺，并用树皮、破渔网、麻头等做原料，成功地制造了一种既经济又适合书写的纸张。

魏晋南北朝时，人们在树皮造纸的基础上发展了藤皮造纸，使纸产量大增。纸也成为重要的文化商品，还留下了“洛阳纸贵”的故事。

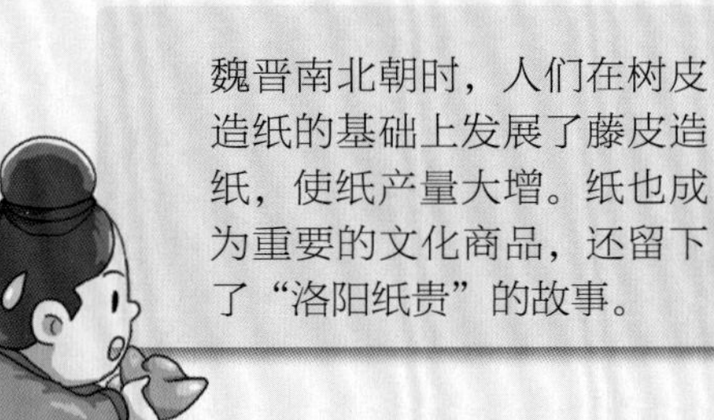

公元404年，东晋末年桓楚帝桓玄下令以纸代简，使纸张成为正式的书写材料，包括书写公文。从此，用竹简、木简书写文字的历史宣告结束。

唐朝时，纸的加工技术突飞猛进，纸的品种和样式也越来越多，不但出现了 10 种颜色的染色纸，还出现了用青檀树皮制成的宣纸，受到书画家们的喜爱。唐代的人们还以竹子为原料制成了竹纸，这种造纸技术要比国外早 1 000 年左右。

宋朝时，纸的用途越来越广，除书画、印刷和日常生活外，还发行了世界上最早的纸币，名为“交子”。北宋纸币的发明比欧洲早了 600 多年。

明朝时，手工造纸已经到了非常完美的地步，出现了各种非常精美的装饰用纸，比如用于室内装饰的壁纸和用于喜庆吉事的金华纸等，并且远销国外。

到了清朝末年，随着机器造纸技术的引入，手工造纸业日渐衰落，我国造纸业也由手工制作进入了机器制造的全新阶段。

四大发明 **造纸术**

造纸术的传播

我国的造纸术是怎样在世界上传播的？让我们一起来看看吧！

美国于1690年，在费城附近建立了第一家造纸厂。
中世纪时期，阿拉伯人又把造纸术传到了欧洲。公元1150年，阿拉伯人在西班牙建立了欧洲第一个造纸厂。之后，欧洲各个国家纷纷建立了自己的造纸厂。到了15世纪中期，欧洲人普遍使用纸张，羊皮不再作为书写材料。
加拿大到1803年才建立了真正的造纸厂。到了19世纪，造纸术逐步传播到了全世界。
后来，由于欧洲的森林资源丰富，欧洲各国的纸张生产，逐步选用木材作为原料，并从手工劳动方式过渡到机械操作。从此，翻开了造纸业新的一页。

造纸术的“妙”处

造纸术是中国的“四大发明”之一，带动了书写材料的一次革命。纸张的应用推动了中国、阿拉伯、欧洲乃至整个世界的科学、文化、艺术的发展和传播，对整个人类的历史产生了重要影响。

5000 年前，中国还处于原始社会的彩陶文化末期，还只会在陶罐上画花纹和符号，没有真正的文字。埃及人却已在他们发明的一种书写材料——莎草纸上写字画画了，保存到今天的还有 10 万多幅，而且字迹清晰，颜色鲜艳。莎草纸这种书写材料发明的时间比中国的纸早，各方面的质量也优于中国的纸，为什么没有成为影响人类历史的重要发明呢?

制造莎草纸的原材料是一种草，它只生长在尼罗河流域。莎草纸的制造过程也非常复杂。首先要把这种草的枝干一层层剥开，像编草席一样，横竖经纬编织在一起。然后用重物压在上面，压出汁液，最后用贝壳打磨。

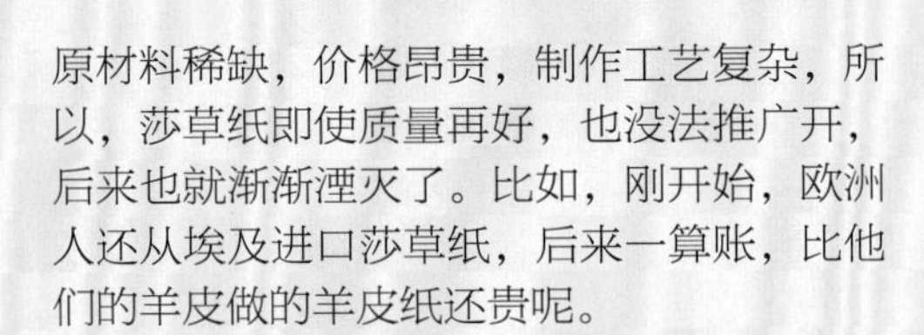

原材料稀缺，价格昂贵，制作工艺复杂，所以，莎草纸即使质量再好，也没法推广开，后来也就渐渐湮灭了。比如，刚开始，欧洲人还从埃及进口莎草纸，后来一算账，比他们的羊皮做的羊皮纸还贵呢。

复杂的工艺，价格当然就昂贵。你可能听说过，人类古代社会最著名的图书馆——亚历山大图书馆里面的藏书，大多数就是用这种莎草纸抄写的，有 70 万卷，不过后来被一把火烧了。

而我们中国的造纸术，就很不一样了。虽然质量没莎草纸那么好，但是原材料不像古埃及的那么“讲究”。在中国的造纸术中，别管是什么原材料，直接先打碎成纤维，泡在水里，然后再用抄纸帘捞上来薄薄的一层，等这层纤维晾干之后，就成了纸。

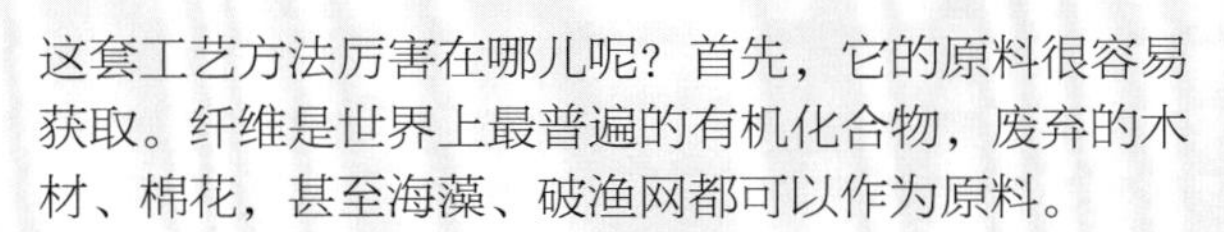

这套工艺方法厉害在哪儿呢？首先，它的原料很容易获取。纤维是世界上最普遍的有机化合物，废弃的木材、棉花，甚至海藻、破渔网都可以作为原料。

其次，这套工艺的可扩展性强，可以根据自己的需求修改。比如，你要想画山水画，可以用竹子当原料，做出的纸一旦沾上墨水，就会产生柔和、模糊的效果，会产生一种朦胧美。

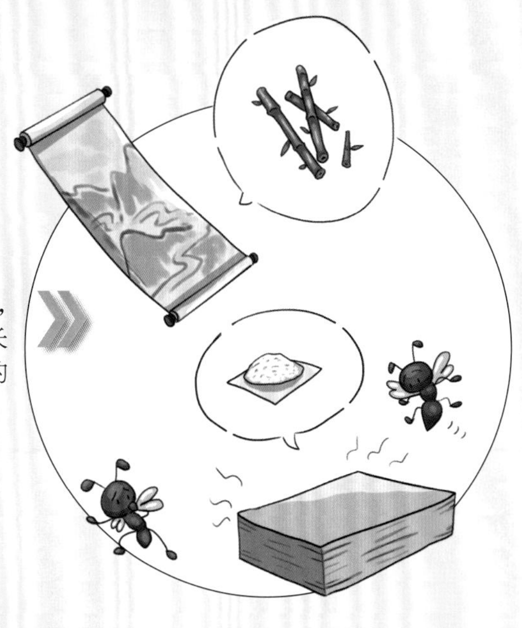

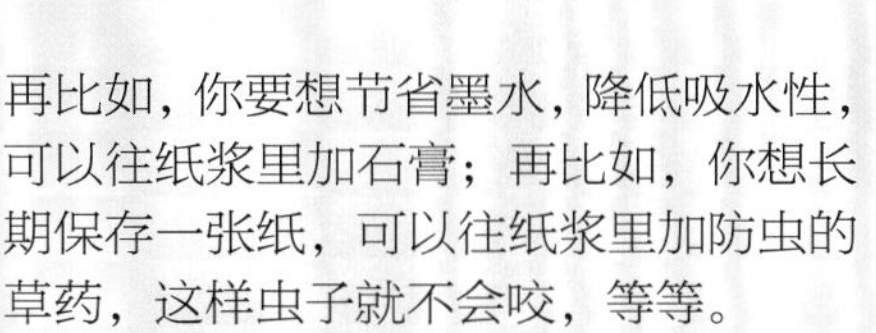

再比如，你要想节省墨水，降低吸水性，可以往纸浆里加石膏；再比如，你想长期保存一张纸，可以往纸浆里加防虫的草药，这样虫子就不会咬，等等。

其实直到今天，现代造纸厂依据的工业原理和东汉时基本是一样的。这种廉价而且兼容性很强的纸的出现，带给了中国社会一系列的变化。我们写字的毛笔，因毛笔发展起来的书法，建立在纸张上的朝廷政令和国家档案，以纸为基础发明的印刷术，印刷术带来的大量印刷品，印刷品的普及带来的学术繁荣，因为学术繁荣而催生的科举制，以至整个中华文化的大厦，都是建立在纸张的基础上。纸，不只是一项发明，是中华文化的一个支撑。

现代工业造纸法

现代造纸工业是一项很庞杂的批量工业生产方式，但其造纸的根本原理和东汉时劳动人民手工造纸原理是基本一样的。它们都是把纤维素丰富的植物粉碎，高温熬煮，去除杂质，漂白，最后去水沉淀。

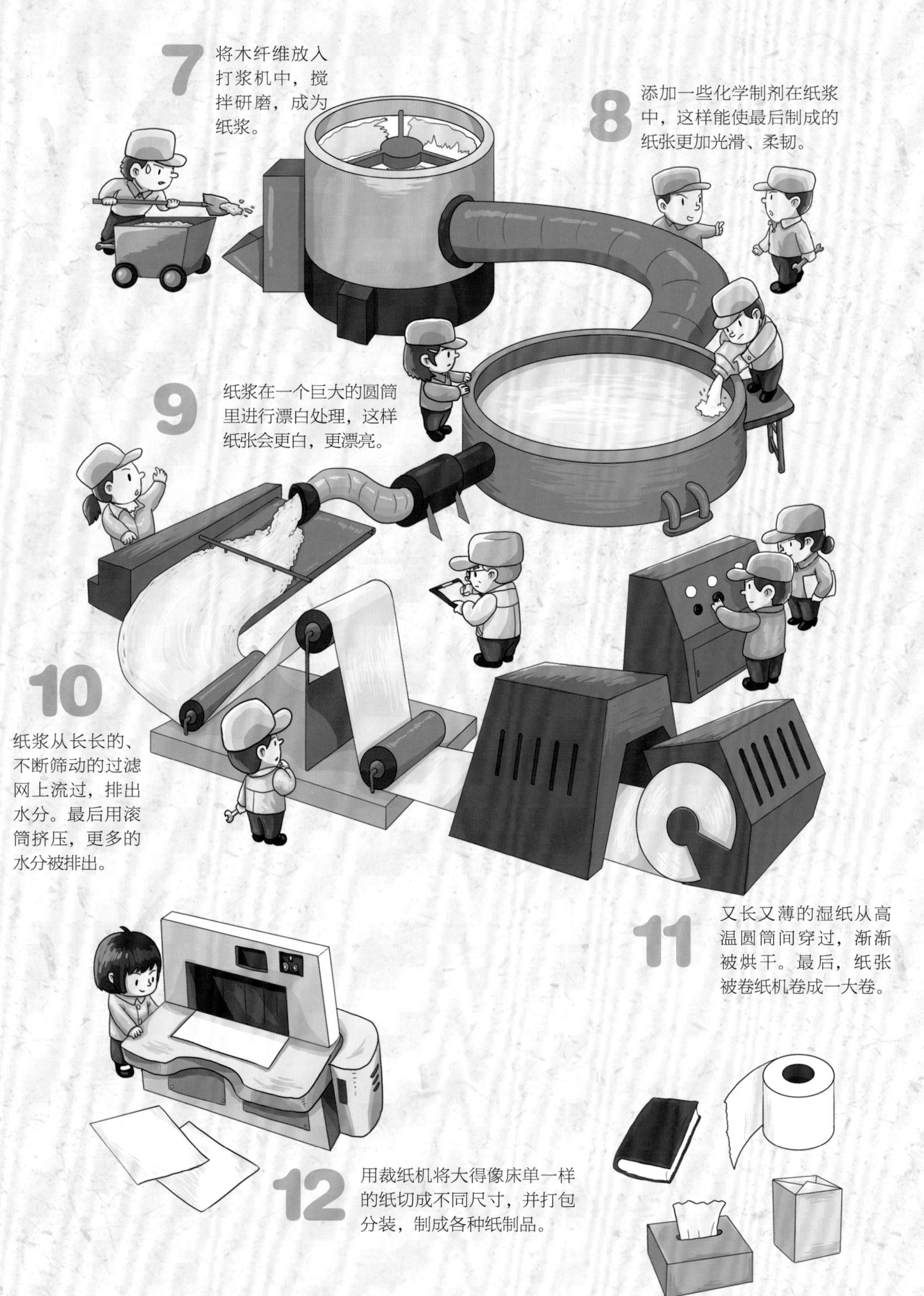
7
将木纤维放入打浆机中，搅拌研磨，成为纸浆。
8
添加一些化学制剂在纸浆中，这样能使最后制成的纸张更加光滑、柔韧。
9
纸浆在一个巨大的圆筒里进行漂白处理，这样纸张会更白，更漂亮。
10
纸浆从长长的、不断筛动的过滤网上流过，排出水分。最后用滚筒挤压，更多的水分被排出。
11
又长又薄的湿纸从高温圆筒间穿过，渐渐被烘干。最后，纸张被卷纸机卷成一大卷。
12
用裁纸机将大得像床单一样的纸切成不同尺寸，并打包分装，制成各种纸制品。

四大发明 ***造纸术***

各种各样的纸

人们在生活中很多地方都会用到纸。现代工业根据生活中不同的需要，对造纸工艺稍加修改，就造出了功能各异的纸。

卡纸
厚实硬挺，可以做卡片。

书刊纸
性价比高，用来印刷书籍。

新闻纸
吸墨性好，适用于高速印刷机，印刷报纸。

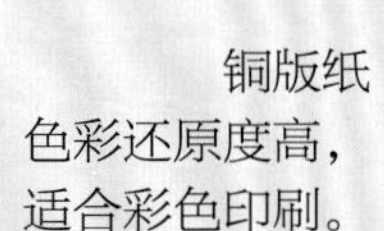

皱纹纸
表面有褶皱纹路的皱纹纸，柔软结实，用来当抹布，打理环境卫生。

铜版纸
色彩还原度高，适合彩色印刷。

壁纸
有漂亮纹路，用来装饰墙壁。

彩色的艺术纸
通过在普通纸中加入各种染色剂，让纸张拥有不同的彩色。

瓦楞纸
通过三层复合结构，让纸变得厚实、轻便，主要用来做各种包装盒子。

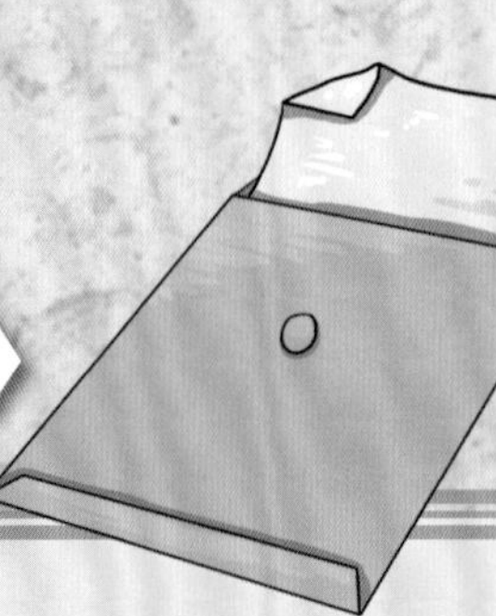

牛皮纸
粗纤维做成的牛皮纸结实耐磨，主要用来制作包装纸袋。

玻璃纸
有反光涂层，闪闪发光，主要用作礼品包装。
防油纸
有防油涂层或塑料附膜，主要用作食品包装。
钞票纸
由特殊工艺制成，超级耐磨损。
湿巾纸
结实且富含水分，可以用作个人卫生清洁。
药棉纸
在消毒处理过的纸中添加了药物，可便捷地携带。
卫生纸
吸水性和柔韧性极强，是日常生活中用得最多的纸。
宣纸
吸墨性好，适用于书画创作。
图画纸
表面粗糙，特别适合各种铅笔书写，主要用于素描、写生。

四大发明 ***造纸术***

制作一张花草纸

工具：废纸、剪刀、水、脸盆、果汁机、纱网、新鲜的花草。

1 将废纸剪成尽可能小的碎纸片，浸泡在水中 24 小时。

2 捞取湿纸片，以纸和水 1 ：2 的比例，倒入果汁机中打成糊状的纸浆。

3 再将纸浆倒进脸盆，并加入与纸浆等量的水，然后搅匀。

4 把纱网放到搅匀的纸浆中，轻轻地晃动，直到其表面的纸浆看起来平坦，然后以水平的姿势慢慢地拿出来。

5
将花草等平放在纸
浆上，摆成自己喜
欢的图案。
6
再均匀地铺上
一层纸浆。
7
将其放在有充足阳光
的地方晒干，或者用
吹风机快速吹干。
8
最后，把纸张轻
轻地从纱网上揭
下来，一张美丽
的花草纸就做成
了。

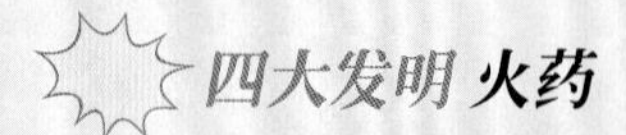

四大发明 火药

火药发明之前

在火药发明之前，很多事情做起来效率特别低下，比如开山、破墙等需要巨大人力的工程。

当然，冷兵器中也有远程武器，比如弓箭，但是它的有效杀伤距离非常有限。
如果想要在地形复杂的地方开山凿壁，修出一条路来，那坚硬的山石会让这个项目变成一件跨世纪的大工程。
每到过年的时候，根本没有什么绚烂的烟花，只有烧竹子的“啪”“啪”声。

火药的发明

火药的发明源于偶然。中国古代有一些术士，他们发现在炼丹的过程中，如果把某些东西混合加热，就会出现爆炸。这些东西就是后来的火药原料。

硫黄

1 火药由硫黄、硝石、木炭混合而成。其实在火药发明以前，古人对这三种东西就很熟悉了。

2 早在新石器时代，就有了制作木炭的技术，古人在烧制陶器或烹饪时把木炭当作燃料。

3 商周时期，人们在冶金时广泛使用木炭。因为木炭的火力比木柴更强。

4 而硫黄天然就存在。比如温泉会释放出硫黄的气味，冶炼金属时，逸出的二氧化硫刺鼻难闻。古人很早就开采硫黄了。

5 古人最早采集的硝，可能是墙角和屋根下的土硝。

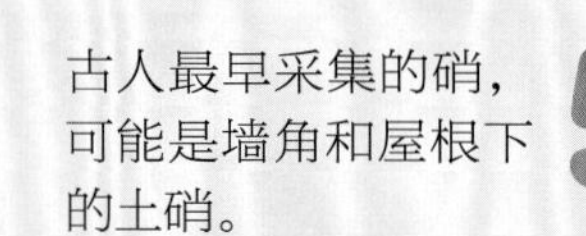

6 硝石和硫黄一度被作为重要的药材。在汉代的《神农本草经》中，硝石被列为上品药材的第六位，古人认为它能治 20 多种病。硫黄被列为中品药材的第三位，能用于治疗十多种病。

7 虽然古人对硝石、硫黄、木炭的性质有一定的了解，但是把它们放在一起制成火药还是炼丹家的功劳。炼丹术在中国起源很早，炼丹家一心寻找长生不老之药，虽然最后一无所获，但是他们所采用的一些具体方法，却是化学实验的原始形态。炼丹术中有一种无水加热的“火法炼丹”法，它直接与火药的发明有关系。

8

晋代葛洪在《抱朴子》中对火法有所记载，大致包括煅、炼、炙、熔、抽、飞、伏等。这些方法都是最基本的化学方法。

9

炼丹家虽然掌握了一定的化学方法，但他们向往的是长生不老，所以火药的发明还是具有非常大的偶然性的。唐朝中期有个名叫清虚子的道士，在“伏火矾法”中提出了一个伏火的方子：“硫二两，硝二两，马兜铃三钱半……入药于罐内……将熟火一块，弹子大，下放里内，烟渐起。”这可能就是最早的火药配方。

10

虽然炼丹家知道硫、硝、木炭混合点火会发生激烈的反应，还采取了很多措施控制它的反应速度，但是因为失控而使丹房失火的事情还是时有发生。因此这种药被称为“着火的药”，即火药。

11

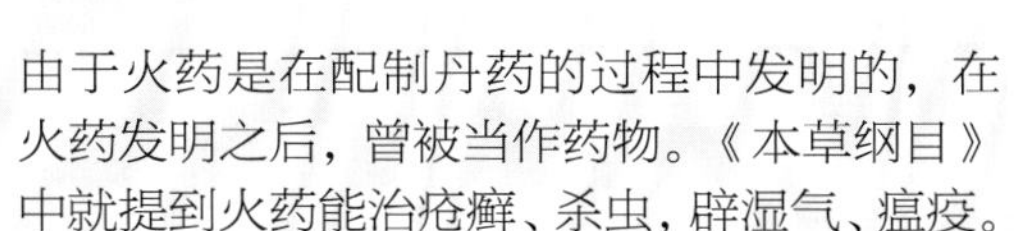

由于火药是在配制丹药的过程中发明的，在火药发明之后，曾被当作药物。《本草纲目》中就提到火药能治疮癣、杀虫，辟湿气、瘟疫。

12

火药不能解决长生不老的问题，又容易着火，炼丹家对它并不感兴趣。后来，火药的配方由炼丹家转到军事家手里，成为中国古代四大发明之一。

火药发明之后

火药出现之后，被迅速应用在工程和军事方面。

火药很快就在军事上发挥出了作用。在火药发明之前，古代军队打仗用火攻这一战术时，往往是在箭头上附着易燃的东西，点燃后射向敌方。但这种火攻的火力小，容易扑灭。所以火药出现后，人们就用火药代替了箭上的易燃物。后来，军事家又利用火药的爆炸性能，制造出了早期的枪、炮，战争的方式由此发生改变。

火药也被运用在了开山、采矿等一些需要耗费巨大体力的土木工程上，使得工作效率提高很多。

古人还把火药制成烟花、鞭炮，用在喜庆的日子，长期下来，逐渐形成了一种节庆文化。

DIY 火药

各位读者，你们好！
接下来我将教会你们如何亲手配制黑色火药。

这个事太危险，我看还是算了！

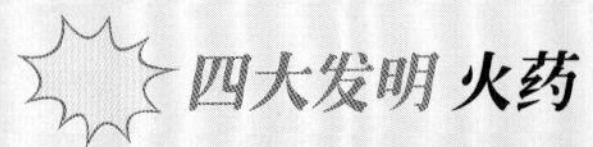

火药在中国军事上的应用

中国发明火药不久，就将其运用在军事上，并发明了世界上第一支火箭。火药在宋代的军事运用已经相当成熟。

火药发明初期，主要是利用火药的燃烧性能，后来逐步过渡到利用火药的爆炸性能。

蒺藜火球、毒药烟球是爆炸威力比较小的火器。到了北宋末年出现了爆炸威力比较大的火器，比如“霹雳炮”“震天雷”。

公元1132年，陈规发明了火枪。火枪是由长竹竿制成，先把火药装在竹竿内，作战时点燃火药喷向敌军。陈规守德安时就用了“长竹竿火枪二十余条”。

公元1259年，出现了突火枪。突火枪是用粗竹筒制成的，这种突火枪与长竹竿火枪不同的是，长竹竿火枪只能喷射火焰，而突火枪内装有“子窠”，火药点燃后产生强大的气体压力，把“子窠”射出去。“子窠”就是原始的子弹。突火枪开创了管状火器发射弹丸的先声。现代枪炮就是由此逐步发展起来的。所以突火枪的发明是武器史上的一大飞跃。

到了元明之际，这种用竹筒制造的原始管状火器改用铜或铁，铸成火铳和火炮。

在明代，作战火器方面有了许多五花八门的发明，最特别的是，能同时发射 10 支箭的“火弩流星箭”，同时发射 32 支箭的“一窝蜂”；还有最多可同时发射 100 支箭的“百虎齐奔箭”，堪称现代多管火箭炮的鼻祖。

根据史书记载，14 世纪末，明朝一位勇敢的万户坐在装有 47 个火箭的椅子上，双手各持一个大风筝，试图实现飞行的梦想。当然，这是一次失败的尝试，但万户被誉为利用火箭飞行的第一人。为了纪念万户，月球上有一个环形山被命名为“万户”。

火药的传播

恩格斯说：“火器传入欧洲使整个作战方法发生变革，这是每个小学生都知道的，但火药和火器的采用绝不是一种暴力行为，而是一种工业的也就是经济的进步。”

早在公元八九世纪的时候，硝就从中国传到阿拉伯。当时的阿拉伯人称它为“中国雪”，而波斯人称它为“中国盐”。他们仅知道用硝来治病、冶金和做玻璃。

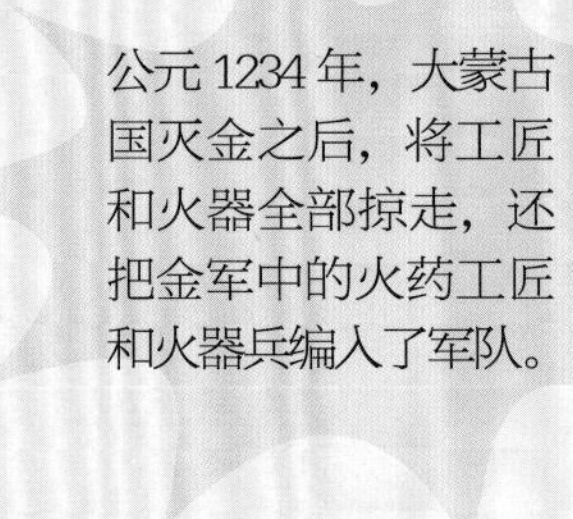

公元1234年，大蒙古国灭金之后，将工匠和火器全部掠走，还把金军中的火药工匠和火器兵编入了军队。

第二年，蒙古大军发动了第二次西征，新编进来的火器队也随军西进。在随后的几年中，装备火器的蒙古大军所向无敌。

1241年4月9日，蒙古大军与波兰人和日尔曼人的联军在东欧华尔斯塔德大平原上展开了激战。波兰火药史学家盖斯勒躲在战场附近的一座修道院内，偷偷描绘了蒙古士兵使用的火箭样式。根据盖斯勒的描绘，蒙古大军使用的一种木筒中成束地发射火箭，因为木筒上绘有龙头，波兰人称其为“中国喷火龙”。

公元 1253–1259 年，蒙古大军发起第三次西征，由成吉思汗的孙子旭烈兀指挥，大军征服了阿拉伯地区后，建立起了伊利汗国。这里迅速成为火药等中国科学技术向西方传播的重要枢纽。

公元 1260 年元世祖的军队在与叙利亚作战中被击溃，阿拉伯人缴获了火箭、毒火罐、火炮、震天雷等武器，从而掌握了火药的制造和使用。

后来，阿拉伯人与欧洲的一些国家发生战争，战争中阿拉伯人使用了火药武器。一来二去，在与阿拉伯国家的战斗中，欧洲人也逐步掌握了制造火药和使用火药武器的技术。

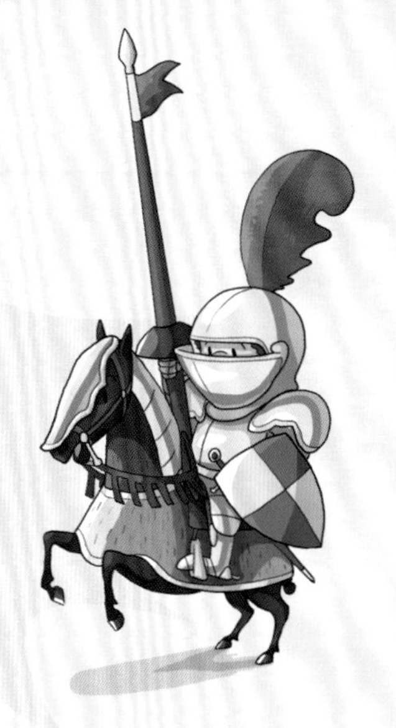

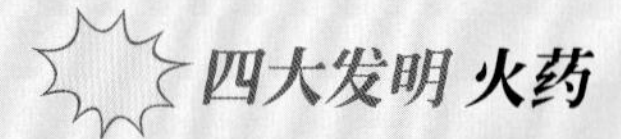

火药对世界的影响

火药的发明大大推进了世界历史发展的进程，尤其是当它传到欧洲的时候，终结了那里的冷兵器征服模式，进而使得骑士阶层逐渐衰落，动摇了欧洲的封建统治基础，推动了文艺复兴与宗教改革。

在达·芬奇的笔记中有一幅机关枪和火炮的草图。

欧洲人在学习了中国人传来的大炮后，也开始铸枪造炮，编练新的军队。

当时步兵使用的武器是火绳枪。

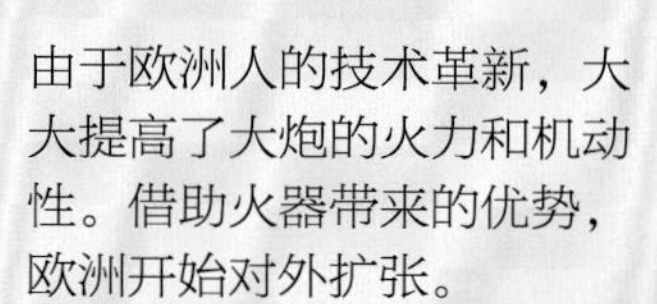

到16世纪时，又发明了更先进的燧发枪。

由于欧洲人的技术革新，大大提高了大炮的火力和机动性。借助火器带来的优势，欧洲开始对外扩张。

德国人发明了一种铸炮技术，一种较小的铜炮开始装备在船舷上，它能发射重达 50~60 磅的铁丸，因而能击毁 300 米射程内的船体。海战的形式因此发生改变。

火药技术的发展在一定程度上助力了欧洲人的海上探险。

武器的改进，使得战争规模不断扩大，这就迫使统治者进行制度上的改革。首先在财政制度上，分裂的封建骑士制度渐渐让位于资本主义的市场经济，而为了减少关税和贸易壁垒，各地区都渴望出现一个统一的国家。就这样，从中国传来的火药导致军事方面的变革，随后引发相应的政治以及经济组织的变革，最后导致欧洲社会变革。

现代火药发展史

现代火药的出现，产生了真正意义上的军事革命，才有了现代的枪炮、火箭、炸弹、导弹等。

现代火药起源于1771年。英国人沃尔夫合成了苦味酸，这是一种黄色结晶体，最初被当作黄色染料，用了很久之后才发现它具有猛烈的爆炸性，在19世纪被广泛用于军事，主要用来装填炮弹。

1779年，英国化学家霍华德发现了雷汞（又称雷酸汞）。它是一种起爆药，被用于装填爆破用的雷管。

1807年，苏格兰人发明了以氯酸钾、硫、碳制成的击发药，使枪支击发的稳定性提升不少。

1845年，德国化学家舍恩拜因将棉花浸于硝酸和硫酸混合液中，洗掉多余的酸液，发现了硝化纤维，即火棉。

1838年，佩卢兹发现棉花浸于硝酸后可爆炸的现象。

1846年，意大利化学家索布雷把半份甘油滴入一份硝酸和两份浓硫酸的混合液中，首次得到了硝化甘油。硝化甘油是一种烈性液体炸药，轻微震动即会剧烈爆炸，危险性很大。

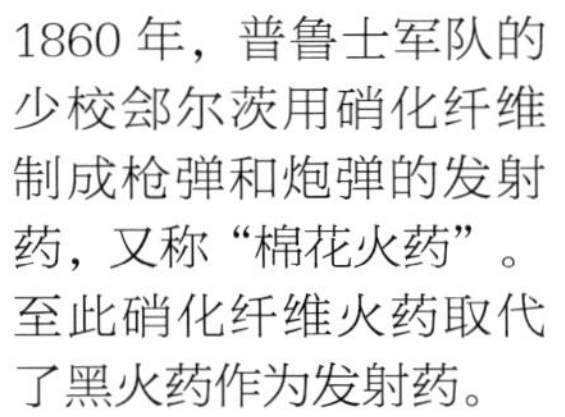

1860年，普鲁士军队的少校郃尔茨用硝化纤维制成枪弹和炮弹的发射药，又称“棉花火药”。至此硝化纤维火药取代了黑火药作为发射药。

1862 年，瑞典的诺贝尔研究出了用“温热法”制造硝化甘油的安全生产方法，使之能够比较安全地成批生产。

1863 年，威尔勃兰德制成了梯恩梯炸药（TNT）。TNT 的化学成分为三硝基甲苯，这是一种威力很强又相当安全的炸药。20 世纪初它被广泛用于装填各种弹药，逐渐取代了苦味酸。

1866 年，诺贝尔用硅藻土吸收硝化甘油，制成了达纳炸药，它又俗称黄色火药。

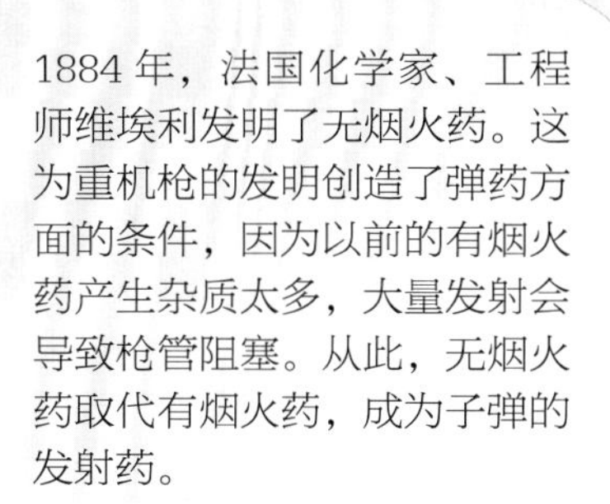

1872 年，诺贝尔在硝化甘油中加入硝化纤维，发明了一种树胶样的胶质炸药——胶质达纳炸药，这是世界上第一种双基炸药。

1884 年，法国化学家、工程师维埃利发明了无烟火药。这为重机枪的发明创造了弹药方面的条件，因为以前的有烟火药产生杂质太多，大量发射会导致枪管阻塞。从此，无烟火药取代有烟火药，成为子弹的发射药。

1899 年，德国人亨宁发明了黑索今，它的威力比 TNT 更大，是一种仅次于核武器的炸药。现代火药就是在以上一百多年的时间里，一步步独立发展起来的，并导致了近代军事的重大变革。在这一过程中，黑火药已经逐渐被淘汰。

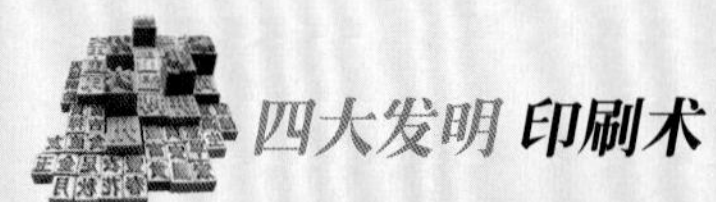

印刷术发明之前

印刷术发明之前，文化的传播主要靠手抄的书籍。手抄费时、费事，所以手抄的书籍也特别贵，还容易抄错、抄漏，这样既阻碍了文化的发展，又给文化的传播带来不应有的损失。

在印刷术发明之前，书籍只能靠人力一字一字地抄出来。专门抄书的职业，叫书佣。

古代书佣的地位都不高，主要由贫苦的书生，或者家道没落的贵族子弟构成，有时连有点文化的囚犯也会被要求来抄书。

他们每天必须伏案工作，非常辛苦。历史上“投笔从戎”的那个班超，一开始就是个书佣。

东汉末年，因为纸的发明，书籍的成本变得相对便宜，很多世家大族开始修书，这就需要大量的书佣，书佣一时变得紧俏抢手，收入也开始上涨，足够努力的书佣能够靠抄书过上好日子。

南北朝时期，南方文化昌盛，佛教在这一时期得到广泛传播，各种从印度传过来的经书要翻译撰写，书佣业因此兴旺起来。

书佣对于中国的文化传承有着莫大功劳，很多书籍靠着他们的抄写才得以流传。但是书佣的抄写效率终究是很低的，而且还有一个巨大的潜在问题，就是在传抄的过程中，会出现讹误，尤其是一些重要的经典，如果一直以讹传讹，后果会很严重。

后来古人想了个办法：首先请一批饱学之士，校勘经籍，选定一个比较正确的版本，刻在石头上，供天下学子观摩学习。而那些各地的学子，带着纸墨来的，他们批量制作经书的拓片，带回家去慢慢研习。自此，到印刷术发明之前，唯一且最好的复制方法——拓印就出现了。

比如东汉的《熹平石经》，三国时期有曹魏颁行的《正始石经》，唐代的《开成石经》，五代后蜀的《后蜀石经》等。

雕版印刷术与活字印刷术

活字印刷术的发明是一次伟大的技术革命，是中国古代人民长期实践和研究的结果。

在印刷术发明以前，要想得到一本书，那只有从头到尾抄一遍这个办法，实在是辛苦。

后来，一些文人为了得到古代的碑文，发明了拓印技术。

同时受印章技术的影响，一些聪明的工匠想出了雕版印刷这个办法。

雕版时，先得把书文反着雕刻在石板或木板上。

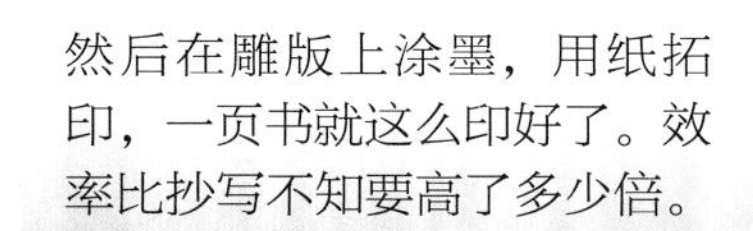

雕版印刷术在唐朝得到了巨大的发展，被各个阶层普遍使用。

然后在雕版上涂墨，用纸拓印，一页书就这么印好了。效率比抄写不知要高了多少倍。

宋朝，有一个叫毕昇的雕版工匠，在长期的雕版工作中，发现了它最大的缺点：每印一本书要重新雕一次版，不但时间长，而且成本高。

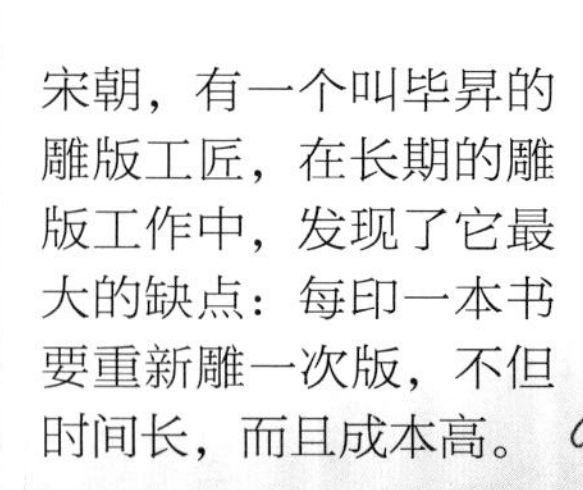

毕昇想了个法子，他用黏土制成字模，每字一模，刻成凸面反体。

然后用火煅烧，使字模硬化。

制版时，先在四边有框的铁板上放一层松脂、蜂蜡及纸灰制成的药剂，然后排放铁条，在铁条间摆放字模。

再用火烘烤铁板，使药剂融化。

趁未冷前，赶紧用一块平板在上面按平字模，这样一块印版就做成了。

印刷时，一般是两块印版交替使用。当第一块弄好印刷时；开始排第二块。

第一块印完，用火烘，使药剂融化，取下字模接着排后面的版。

这时，第二块也弄好了，可以开始印刷。就这样，交替进行。

印好后拆版，取下字模，放入小木格内，按字韵分类，并在木盒上贴上标签，以便检索。

活字印刷术很快就被传到了海外。

沈括把毕昇以及活字印刷术详细记载在了《梦溪笔谈》中。

印刷术的传播

中国是印刷术的发明地，世界上很多国家和地区的印刷术或是由中国传播的，或是因受到中国的影响而发展起来的，从朝鲜、日本，到东南亚地区，再到亚洲其他国家，最后到欧洲。

朝鲜

朝鲜半岛一直与中国保持友好往来，深受中国文化影响。经常有朝鲜僧人带回一些中国雕版印刷的书刊，这便成了他们学习雕版印刷的开端。11 世纪中叶，朝鲜官方开始组织大规模印刷，印刷品不仅有佛经，还有中国的经、史、子、集及医学著作。到后来，他们又从中国学了活字印刷术，但是朝鲜人对这些活字进行了创新，他们使用的是铜活字。公元 1436 年，朝鲜还铸成世界上最早的铅活字，并排印《通鉴纲目》一书，它是世界上最早的铅印本。

朝鲜文的创制，非常适合活字印刷的要求。表音文字不但准确反映语音特点，而且使活字的使用非常方便。朝鲜的活字印刷技术迅速发展。

日本

公元 645 年，日本发生“大化改新”，随后开始向唐朝派遣使者和留学生，全方位学习中国。这些人回国后带回不少笔、墨、纸、砚和抄本、印本书籍，这些都对日本文化产生了很大的影响。中国的印刷术正是在这个时期传入日本的，而在传播中起媒介作用的是佛教僧侣。而日本的活字版技术，一般认为是从朝鲜传入的。日本自活字流行以后，印刷工业开始脱离寺庙和尚之手，印书的范围也从佛教文化转向史学、文学等方面。这时日本还出现二字、三字和四字相连的活字。

越南

中国的印刷术向越南传播，比朝鲜和日本都要晚，但传播的方式是相同的。越南早期的雕版印刷品也是宣传佛教的书籍，这是因为越南人一开始从中国得到的主要为佛经书籍。

越南彩色套印的年画，不但刻印方法与中国年画相同，而且题材内容也很相似。早期的越南印刷品几乎都使用汉字，后来出现了汉字、喃字混合使用。公元 19 世纪中叶，越南开始使用拉丁文字。

菲律宾

中国的印刷术向菲律宾的传播，主要是由大批到菲律宾定居的华人完成的。这些华人中包括刻版、印刷工匠，这样中国的印刷术就被带到了菲律宾。这些华人工匠不仅从事刻书工作，还培养当地的刻工。

其他亚洲国家

大约明代初期，在泰国、马来西亚、新加坡等国，都有中国的刻工从事刻书工作。中国的印刷术约于公元 13 世纪后期传到波斯，公元 1294 年，波斯的统治者开始用中国的方法印刷发行纸币。公元 14 世纪的一位波斯历史学家，在他的著作中详细地介绍了中国的凹版印刷技术。

欧洲

丝绸之路把中国古代的文化和创造发明传入了西方，同时带回了西方的宗教、文化和艺术。对世界文化的发展有重要作用的造纸术、印刷术等，就是通过横贯欧亚大陆的这条伟大通道逐步传播到中亚、中东、非洲和欧洲的，它们对这些地区的科学和思想的进步发挥了重要的作用。

印刷术的革命

德国的古腾堡受中国活字印刷的影响，用合金制成了表音文字的活字，他把葡萄酒压榨机改造成一台印刷设备，用来印刷书籍。这是一次重要的技术革新，标志着真正意义上的机器印刷的出现。

在 11 世纪中期中国就发明了活字印刷术，但是用陶瓷制成的活字耐用性差。后来一些中国人和朝鲜人对此进行了一系列的改进，15 世纪初期朝鲜政府就资助过一家铸造厂承办金属活字的生产。

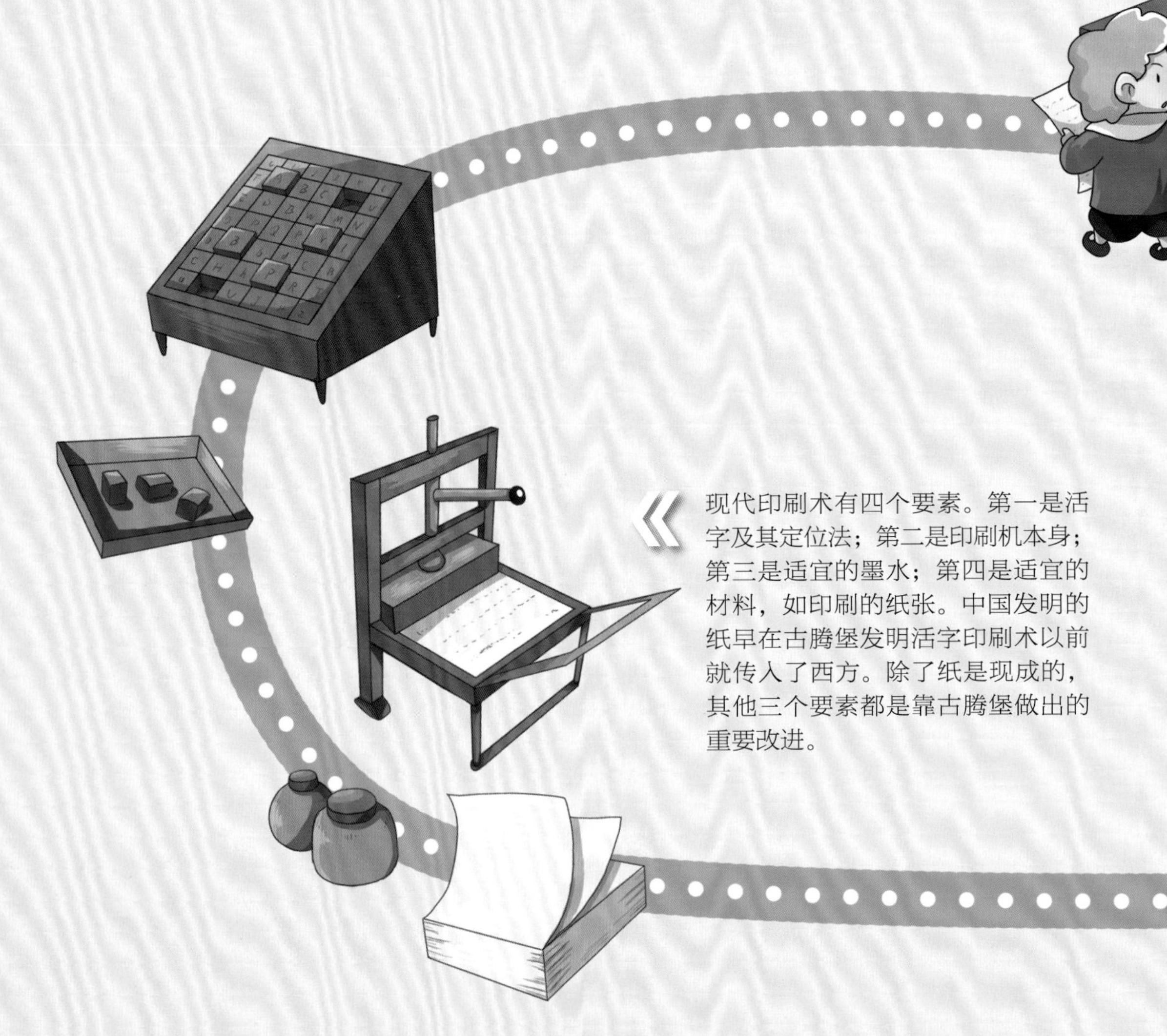

现代印刷术有四个要素。第一是活字及其定位法；第二是印刷机本身；第三是适宜的墨水；第四是适宜的材料，如印刷的纸张。中国发明的纸早在古腾堡发明活字印刷术以前就传入了西方。除了纸是现成的，其他三个要素都是靠古腾堡做出的重要改进。

在西方，绝大部分的书籍均由僧侣手工制造，数量极为有限。到了15世纪，社会的发展使得德国不同的阶层开始发出渴求知识的呼声，要求打破天主教会垄断知识的局面。在这样的环境中，德国人约翰内斯·古腾堡开始致力于印刷术的发明研究。

大约在1440年，古腾堡发明了第一台印刷机。古腾堡是第一个实现金属活字印刷过程完全机械化的人。印刷机的出现促进了知识的传播。

古腾堡最大的贡献在于把所有印刷要素结合起来变成一种有效的生产系统。

一台古腾堡印刷机要有两个印刷工人同时操作，一个人负责翻页，另一个人负责给文版上墨。他们每天能够印刷3600页，这个速度在过去依靠抄写员誊抄的时代是不敢想象的。

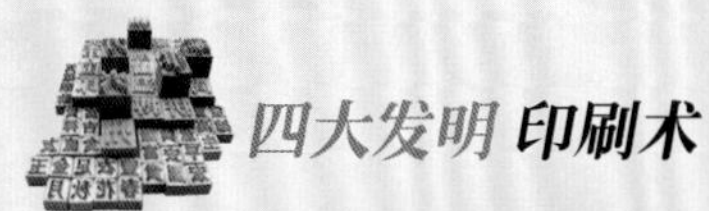

印刷术对人类的贡献

印刷术的发明降低了书籍成本，使更多人可以获得知识，促进了教育的普及和知识的推广。

古腾堡出生时，中国与欧洲地区的技术发展水平大致相当，但是在古腾堡发明了现代印刷术之后，这个发明导致的媒体革命迅速推动了西方科学和社会的发展。而中国在很长一段时期内继续使用雕版印刷术，甚至连已经发明了的活字印刷术都无人问津，其进步速度相比欧洲算得上是很缓慢了。

有件有趣的事，影响人类历史进程的100名人排行榜中只有3个人活在古腾堡出生之前，有67人生活在他死后的500年中。这表明古腾堡的发明对激发社会的发展是一项重要因素。

没有古腾堡，现代印刷术的发明有可能会被推迟许多年。从印刷术对后来的历史所产生压倒一切的影响来看，古腾堡对人类的贡献是相当大的。

古腾堡于1468年在德国逝世，不过他的印刷技术却随着他的印刷工人向外流传。

他的发明奠定了欧洲现代文明发展的基石，是欧洲文艺复兴和宗教改革的先声，甚至我们可以说印刷术的发明也是诱发工业革命的关键性技术。

虽然印刷术源自中国，但是现代的印刷术却是由西方发明，再辗转传入中国的，所以古腾堡对世界知识的传播、文明的演进，具有重要的影响。

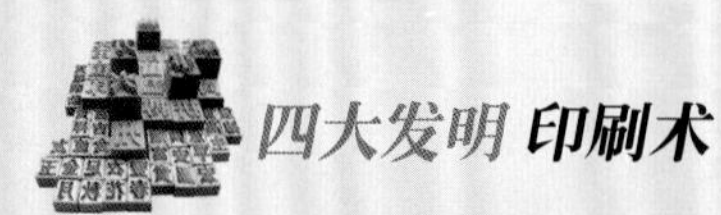

现代五花八门的印刷术

西方各国以古腾堡的机器印刷为先导，在工业革命的推动下，开创了以机械操纵为基本特征的世界印刷史上的新纪元。

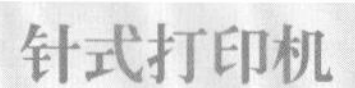

针式打印机

由打印针击打色带，在打印纸上形成一个一个的点，再由这些点阵构成所要打印文字的图案。一般用来打印多联的票据，但只能单色打印。

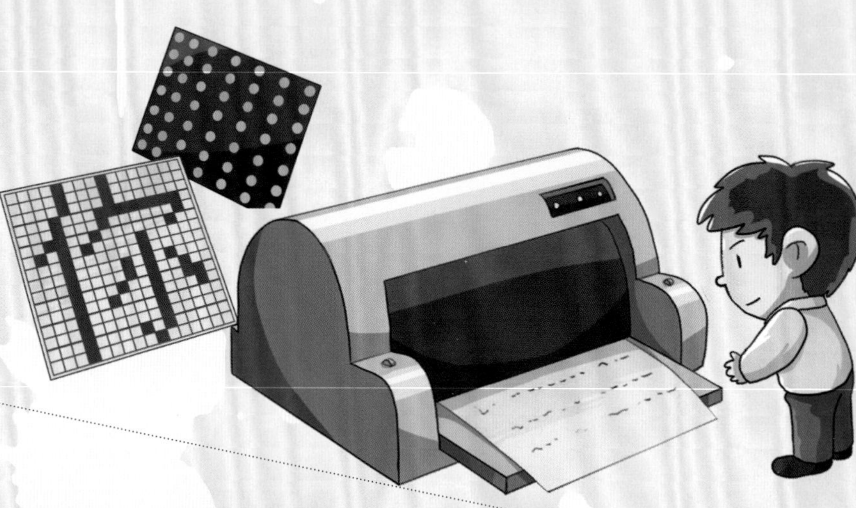

喷墨打印机

通过细小的喷嘴，喷出墨水，构成细微点阵，最终呈现出文字和图案。

激光打印机

通过控制硒鼓不同区域带上静电，让静电吸附墨粉，再影印在纸上呈现要打印的文字和图案。

现代工业印刷机

通过现代技术，以最经济的方式实现各种印刷工艺，有凹凸印刷、烫印、丝网印刷、水印、多色套印等。

高速印刷机

常用于新闻报刊印刷的机器，为了保证新闻的时效性，它能以极快的速度印刷。

热敏打印机

让特殊的热敏纸张局部受热而变色，形成文字和图案。

一本书是如何印出来的

1 定稿

出版社的编辑完成书稿的制作。

2 选纸

出版社的编辑为图书选择不同的纸张。印刷用纸种类较多，有新闻纸、凸版纸、胶版纸、铜版纸等。目前，我国绝大多数文字类的书籍采用胶版纸印刷。

3 制版

印刷需要一个载体将书稿信息通过油墨转移到纸张上，印版就是用于传递油墨或其他黏附色料至承应物上的印刷图文载体。其制作过程大致包括出片、拼版、晒版、打样等四个阶段。

出片

通过激光照排机，运用分色和网点技术，将书稿转换为分色胶片。

拼版

一张用于印刷的纸很大，而书页很小，这样就需要将多个书页的版面胶片拼在一个印刷纸尺寸的版面胶片上。拼版可以采用人工拼版或电脑拼版，拼版时要根据折页顺序、书稿配页顺序、裁切等来排列胶片的位置。

晒版

将拼好的胶片晒制成印版。根据使用的胶片类型不同，又有阳图型版和阴图型版两种。

打样

将晒制好的印版安装到打样机上印刷出几张样品，用于检查制版各工序的质量，为编辑提供审校依据，为正式印刷提供墨色、规格等依据及参考数据。

4

正式印刷

打样出来的样张经检查确认无误后，就用印刷机进行正式的批量印刷。

5

印后加工

书籍印刷完后，在书籍封面上可以进行覆膜、上光、烫印或其他装饰加工处理。

覆膜

覆膜是将塑料薄膜涂上黏合剂覆盖于印刷品表面，经加热、加压使它们黏合在一起，形成纸塑合一的加工过程。经覆膜的印刷品，表面更平滑光亮，提高了印品的光泽度和牢度，还起到防水、耐磨的作用。

上光

上光是在印刷品表面涂上一层无色透明的涂料，经流平、干燥、压光后，在印刷品表面形成薄而均匀的透明光亮层，使印刷品表面呈现光泽。

烫印

烫印是不用油墨的特种印刷工艺。它借助一定的压力和温度，运用烫印机上的模板，使印刷品和烫印箔在短时间内受压，将金属箔或颜料箔按烫印模板的图文转印到印品表面。

6

装订成型

装订是书籍印刷的最后一道工序，书籍装订方法分为骑马订、胶装、精装等形式，其中以铣背胶装最为常用。先将装配好页的书芯找齐、夹紧，沿订口将书背用刀铣平成单张书页，而后对铣削过的书芯打毛，把胶黏剂涂刷在书背表面，再贴上纱布、卡纸，然后用热熔胶将书芯与书籍封面制成一本书。最后用裁切刀将书籍除订口外的三面毛边切去，这样一本书就做成了。

制作一个活字印刷号码器

快去准备五块橡皮、一支粗水笔、一把美工刀、一把小毛刷、一个小碟、一瓶墨水、几张纸，一起做一个活字印刷号码器吧。

先用粗水笔在纸上写一个“2”字。

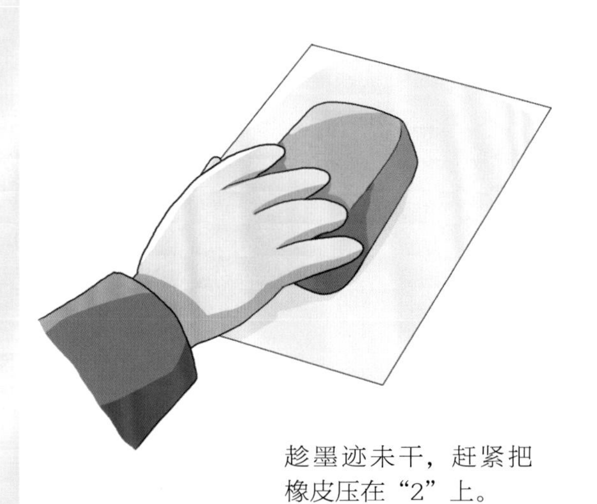

趁墨迹未干，赶紧把橡皮压在“2”上。

拿起橡皮，是不是看到上面有印了一个反着的“2”？

用美工刀沿着墨迹把这个反“2”雕刻出来。

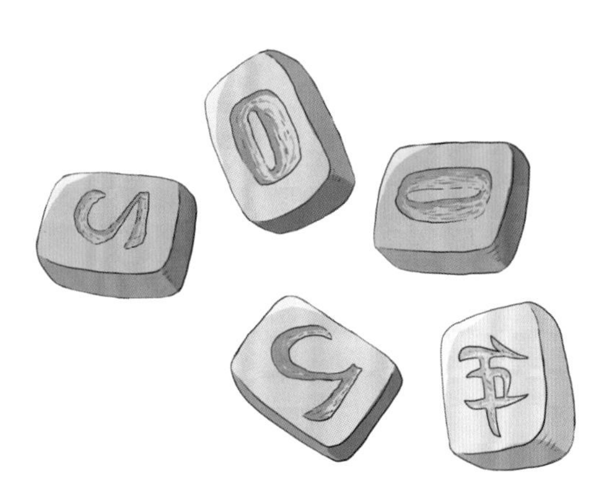

同样的方法，把另外 4 块橡皮上雕刻出反着的“2”“0”“0”“年”。

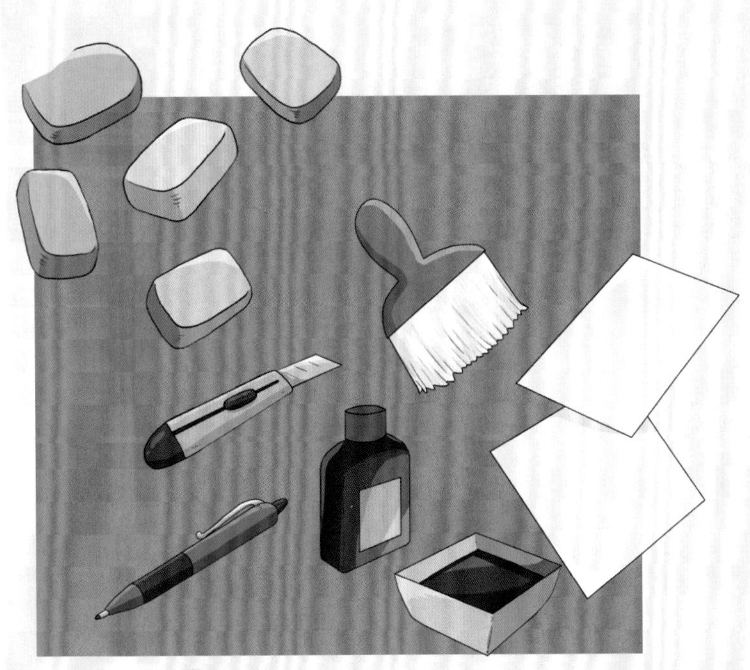

把 5 块橡皮排列成反着的“2020 年”字样。

用小毛刷给橡皮表面刷上墨水。

拿一张白纸，盖在橡皮上，用手掌均匀地轻轻压一压。

把纸揭下来，就会看到印在上面的“2020 年”字样。若是你有足够的橡皮和耐心，可以多雕刻一些字，这样就可以用活字印刷术印出一些你喜爱的句子了。